Julian Lampe

Silicon Valley - Entstehung und aktuelle Entwicklungen der weltweit bedeutendsten Hightech-Agglomeration

GRIN Verlag

Bibliografische Information der Deutschen Nationalbibliothek:

Die Deutsche Bibliothek verzeichnet diese Publikation in der Deutschen National-
bibliografie; detaillierte bibliografische Daten sind im Internet über http://dnb.d-
nb.de/ abrufbar.

Dieses Werk sowie alle darin enthaltenen einzelnen Beiträge und Abbildungen
sind urheberrechtlich geschützt. Jede Verwertung, die nicht ausdrücklich vom
Urheberrechtsschutz zugelassen ist, bedarf der vorherigen Zustimmung des Verla-
ges. Das gilt insbesondere für Vervielfältigungen, Bearbeitungen, Übersetzungen,
Mikroverfilmungen, Auswertungen durch Datenbanken und für die Einspeicherung
und Verarbeitung in elektronische Systeme. Alle Rechte, auch die des auszugsweisen
Nachdrucks, der fotomechanischen Wiedergabe (einschließlich Mikrokopie) sowie
der Auswertung durch Datenbanken oder ähnliche Einrichtungen, vorbehalten.

Impressum:

Copyright © 2007 GRIN Verlag GmbH
Druck und Bindung: Books on Demand GmbH, Norderstedt Germany
ISBN: 978-3-640-44793-0

Dieses Buch bei GRIN:

http://www.grin.com/de/e-book/136447/silicon-valley-entstehung-und-aktuelle-
entwicklungen-der-weltweit-bedeutendsten

Justus-Liebig-Universität Gießen

Fachbereich 07 Mathematik und Informatik, Physik, Geographie

Institut für Geographie

WS 07/08

Das Silicon Valley

Entstehungspfad und aktuelle Entwicklungen der weltweit bedeutendsten Hightech-Agglomeration

Hausarbeit im Rahmen des

SE: Einführung in die Anthropogeographie

Eingereicht von:

Lampe, Julian
Studiengang: L3
Semesterzahl: 3

Inhaltsverzeichnis

1   Einleitung 3

2   Die Geschichte Silicon Valleys 3

   2.1   Hintergrund 3

   2.2   Phasen der Entwicklung 4

   2.3   Standortfaktoren 6

3   Der Einfluss der Standford Universität 7

4   Aktuelle Entwicklungen 8

   4.1   Neuer Aufschwung 8

   4.2   Probleme 9

5   Fazit 11

6   Literatur 12

1 Einleitung

In meiner Hausarbeit bearbeite ich das Thema „Das Silicon Valley. Entstehungspfad und aktuelle Entwicklung der weltweit bedeutendsten Hightech-Agglomeration." Dazu gehe ich anfangs auf die Geschichte Silicon Valleys ein, vor welchem Hintergrund diese Entwicklung überhaupt möglich war, welche einzelnen Phasen die Entstehung im einzelnen prägten, sowie einige Standortfaktoren, die die Bildung der Agglomeration entscheidend beeinflussten.

Im folgenden Teil werde ich dann den Einfluss der Stanford Universität herausstellen, die durch Kooperation mit den Hightech Unternehmen deren Aufstieg förderte. Zudem gehe ich genauer auf F. Terman ein, der maßgeblich zum Aufschwung Silicon Valley beigetragen hat. Schließlich stelle ich einige aktuelle Entwicklungen dar. Dabei richte ich mein Hauptaugenmerk auf die Krise zu Beginn des neuen Jahrtausends und den anschließend einsetzenden leichten Aufschwung sowie aktuelle Probleme hinsichtlich der Umwelt und der Lebenshaltungskosten. Abschließend folgt dann ein kurzes Fazit.

Bevor ich jedoch zu meiner Ausarbeitung komme, gebe ich noch einige grundlegende Informationen über Silicon Valley.

Silicon Valley ist nicht, wie man eventuell vermuten könnte, der Name des Tals, in dem sich eine Vielzahl an Elektronikunternehmen angesiedelt haben, sondern er wurde wegen der wachsenden Bedeutung von Siliziumchips für die Elektronikindustrie von den Medien geprägt . Der Kern der Agglomeration liegt im Nordwesten des Santa Clara Counties, welches südlich an die Bucht von San Francisco anschließt. Die Region reicht etwa 60 Kilometer südwärts Richtung San Jose, wobei festzuhalten ist, dass die darin liegenden Städte annähernd ineinander übergehen. Zu den bedeutendsten Städten gehören unter anderem Palo Alto, Sunnyvale, Los Altos und Mountain View. Insgesamt leben in Silicon Valley knapp 2,5 Millionen Menschen auf einer Fläche von 1500 Quadratmeilen.[1]

2 Die Geschichte Silicon Valleys

2.1 Hintergrund

Der Industriestandort Silicon Valley, so wie wir ihn heute kennen, entwickelte sich über viele Jahrzehnte hinweg. Doch bevor die eigentliche Entwicklung zu einer der bedeutendsten Hightech-Agglomerationen begann, wurden bereits Einrichtungen für Radiotechnik errichtet, diese hatten jedoch einen militärischen Hintergrund.

---

[1] Vgl. Joint Venture 2007, S. 6.

Bereits in den 40er Jahren wurde im Gebiet südlich der Bucht von San Francisco die Infrastruktur, insbesondere in Form von Häfen und Flughäfen ausgebaut.[2] Außerdem richtete man die ersten militärischen Forschungsstationen ein und baute bereits bestehende aus. Das Militär investierte damals eine Menge Geld, zum Beispiel in die Entwicklung von Atom-U-Booten oder Kommunikationssatelliten. Gerarde nach dem Ende des Zweiten Weltkriegs und dem Beginn des Ost-West-Konflikts zwischen den USA und der Sowjetunion sahen die USA die Notwendigkeit auf diesen Gebieten zu forschen.

Für die Betriebe im Silicon Valley war das Militär natürlich ein gern gesehener Auftraggeber. Zum einen sicherte das Pentagon das notwendige Kapital, das für die Forschung benötigt wurde. So kam es nie zu Finanzierungsschwierigkeiten. Auf der anderen Seite wurde die Abnahme der produzierten Güter sichergestellt, wodurch Absatzschwierigkeiten vermieden werden konnten.

Auch in den folgenden Jahren, aufgrund der Beteiligung der USA am Korea- und am Vietnamkrieg, floss viel Geld in Rüstungsmaßnahmen, sodass immer neue Firmen entstehen konnten[3].

2.2 Phasen der Entwicklung

Silicon Valley entwickelte sich in unterschiedlichen Phasen. Jede dieser Phasen war gekennzeichnet durch besondere Merkmale, die zum Wachstum des Industriestandortes beigetragen haben. Im folgenden Abschnitt werde ich diese Entwicklungsphasen genauer bearbeiten.

Die erste Phase stand ganz im Zeichen des Auf- und Ausbaus der Industrie. Dabei spielte besonders das Pentagon, beziehungsweise die US-Armee eine wichtige Rolle, wie ich oben bereits erwähnt habe. Bereits bestehende Technologieunternehmen wurden mit einer Reihe von Großaufträgen betraut und somit ausgebaut.[4] Doch nicht nur das Militär, sondern auch die NASA beauftragte die ansässigen Firmen, denn nachdem die Sowjetunion in den 50er Jahren große Erfolge mit ihren Weltraumprojekten, wie z.B. Sputnik, feierten, sahen die USA die Notwendigkeit, auf diesem Gebiet nachziehen zu müssen. Ein Großteil der Finanzmittel des Staates für Forschung und Entwicklung auf dem Gebiet der Weltraumforschung fiel dabei auf Silicon Valley, das fast die Hälfte des bereitgestellten Kapitals erhielt.[5] In dieser Zeit entstand auch eine enge Kooperation mit der nahe gelegenen Stanford Universität, auf die ich später noch einmal genauer zurückkommen werde.

---

[2] Vgl. Nuhn, H., 1989, S. 259.
[3] Vgl. Nuhn, H., 1989, S. 259.
[4] Vgl. Nuhn, H., 1989, S. 259f.
[5] Vgl. Nuhn, H., 1989, S.260.

Das Wachstum Silicon Valley wurde in diesen Jahren, neben dem Ausbau der Betriebe, auch erheblich durch Neugründungen vorangetrieben. Ein wichtiger Faktor, der das begünstigte, war der geringe Kapitalaufwand. So war es in den 50ern möglich, mit nur einer Million US-Dollar eine eigene Firma zu gründen.[6]

In der darauf folgenden Phase wuchs der Standort weiter, was hauptsächlich aufgrund der so genannten „Spin-Offs" geschah. Dies bedeutet, dass Mitarbeiter von Unternehmen sich entschlossen ihre eigene Firma zu gründen. „Dieser […] Prozess ist typisch für die Entwicklung im Silicon Valley und erklärt zu einem hohen Anteil die rasche Verbreiterung der betrieblichen Basis der Branche in der Region."[7]. Diese „Spin-Offs" führten zudem zu einer Vielzahl an Verflechtungen zwischen den Betrieben. Der Informationsaustausch, der untereinander stattfand, förderte die Entwicklung neuer Produkte.

Die folgenden Jahre waren geprägt von Modernisierung und Standardisierung. Die Produktionsverfahren waren mittlerweile so ausgereift, dass die Endprodukte zu erheblich günstigeren Preisen angeboten werden konnten. Das Wachstum hielt daher zunächst an. Laut Nuhn spielte aber auch die Verbreitung der Mikroelektronik in Privathaushalten eine Rolle, was zur Folge hatte, dass sich viele Betriebe auf diesen Absatzmarkt spezialisierten und somit aussichtsreiche Wachstumschancen besaßen. Doch nicht überall wuchs das Silicon Valley weiter. Die Verbilligung der Produkte verursachte einen stark zunehmenden Konkurrenzkampf. Um den Preis dennoch weiterhin stabil gering zu halten, wurden bestimmte Arbeitsschritte, vor allem in der Produktion, ausgelagert und Zweigwerke in Dritte Welt Ländern errichtet. Besonders der asiatische Raum, Hongkong oder Indonesien zum Beispiel, war sehr beliebt, da „die Aufwendungen ein Viertel bis ein Vierundzwanzigstel im Vergleich zu den USA betrugen."[8]. Festzuhalten bleibt aber, dass die Entwicklung der Produkte in Silicon Valley blieb. Diese Entwicklung hatte weit reichende Folgen, besonders für kleinere und mittlere Betriebe. Sie konnten mit den großen, marktorientierten Unternehmen kaum noch mithalten, da sie den Aufwand, der für Forschung und Entwicklung notwendig war, nicht mehr aufbringen konnten. Schließungen und Übernahmen waren die Folge.[9] „Von 250 in den 60er Jahren gegründeten Halbleiterfirmen waren 1980 nur noch 31% unabhängig, 32% wurden verkauft, und der Rest war eingegangen."[10] Diese Zahlen verdeutlichen noch einmal den harten Überlebenskampf, den die ansässigen Firmen führten und gibt einen Einblick in die Krise, in der der Industriepark steckte. Durch diese Vielzahl

---

[6] Vgl. Nuhn, H., 1989, S.260.
[7] Nuhn, H., 1989, S.261.
[8] Nuhn, H., 1989, S.261.
[9] Vgl. Nuhn, H., 1989, S. 262.
[10] Nuhn, H.,1989, S. 262.

von Schließungen und Übernahmen bildeten sich große internationale Betriebe heraus. Sie kooperierten sehr stark miteinander, was z.b. im Aufbau einer gemeinsamen Forschungseinrichtung, des Stanford-Center for Integrated Systems, deutlich wurde. Nach dieser Krise, die etwa bis Mitte der 80er Jahre anhielt, entstand ein neues Wachstum. Es stand in Korrelation mit der Entwicklung des Personal Computers für den Privatgebrauch. Dadurch entstanden eine Menge neuer Arbeitsplätze, da sich viele Unternehmen auf diesen Zweig spezialisierten. Außerdem wurden viele neue Firmen gegründet, doch so einfach und mit so wenig Startkapital wie in den 60er Jahren war es nicht mehr, da weitaus mehr Geld benötigt wurde.[11]

Es bleibt also festzuhalten, dass das Silicon Valley vor allem in den 50er und 60er Jahren einen regelrechten Boom erlebte. Der neue Industriezweig der Halbleiter-, bzw. Mikrotechnologie ließ eine Vielzahl an Firmen zum Vorschein kommen. Die meisten von ihnen fuhren in den ersten Jahren auch riesige Gewinne ein. Doch je mehr die Betriebe ihre Produktionen standardisiert hatten, desto größer wurde der Konkurrenzkampf aufgrund der sinkenden Preise, wobei besonders die kleineren Unternehmen erheblichen Schaden erlitten. Sie konnten auf dem Markt nicht mehr Schritt halten und mussten schließen der wurden verkauft. Erst mit der Entwicklung des PCs nahm die Krise ein Ende und ein leichter Aufschwung war wieder zu erkennen.

2.3 Standortfaktoren

Im Allgemeinen siedeln sich Firmen oder Industrieparks an Orten an, an denen die Standortfaktoren für sie günstig sind. Dazu gehört unter anderem eine gute Verkehrsanbindung zu Autobahnen oder zum Schienennetz, aber auch ein reichhaltiges Rohstoffvorkommen. In Silicon Valley sind diese aber nicht in allzu ausgeprägtem Maße gegeben. Es entwickelte sich auf der Grundlage von anderen Faktoren.

Als erstes ist dabei die räumliche Nähe zu den Universitäten in Stanford und Berkeley zu nennen. Durch die Kooperation, die daraus entstand, war es möglich gegenseitig Wissen auszutauschen und gemeinsam zu forschen, was sich für das Wachstum der Hightech Industrie als großer Vorteil herausstellte.[12] Außerdem stand dadurch eine Reihe von hoch qualifizierten Arbeitnehmern zur Verfügung, von denen viele später sogar ihre eigenen Firmen gründeten.[13]

---

[11] Vgl. Nuhn, H.,1989, S.262.
[12] vgl. Nuhn, H.,1989, S. 264.
[13] http://www.berlinews.de/wista/archiv/95.shtml

Des Weiteren dienten die Großaufträge des Militärs und der NASA, auf die ich bereits im vorherige eingegangen bin, als eine Art Initialzündung. Ein weiterer Punkt war die staatliche Förderung der Firmen in dieser Region. So wurde zum Beispiel die Infrastruktur weiter ausgebaut und große Bebauungsflächen zur weiteren Ansiedlung und Erweiterung der Betriebe bereitgestellt.

Wie in Punkt 2.2. bereits erwähnt, führten die so genannten „Spin-Offs" zu Verflechtungen zwischen den Firmen. Dadurch wurde ein gezielter Informationsaustausch möglich, von dem besonders die kleineren Unternehmen, die nicht in der Lage waren viel Geld in Forschungs- und Entwicklungsarbeit zu investieren, profitieren konnten. Sie konnten sich somit beispielsweise gewisse Produktionsschritte abschauen. Doch nicht nur wirtschaftliche, sondern auch soziale Faktoren spielen eine zentrale Rolle. In der Region Silicon Valley stehen durch die Nähe zur San Francisco Bay eine Vielzahl von Freizeitmöglichkeiten zur Verfügung. Dieser Aspekt macht die Gegend für junge Leute und Unternehmer attraktiv.[14]

All die hier erwähnten Faktoren, bzw. Einflüsse förderten die Entwicklung der Agglomeration.

3 Der Einfluss der Standford Universität

Für die Entwicklung Silicon Valleys war die enge Zusammenarbeit der ansässigen Firmen mit der nahe gelegenen Stanford Universität von großem Vorteil. Der wohl bedeutendste Befürworter dieser Kooperation war Frederick Terman. Er war Provost, eine Art Vizekanzler, der Universität in den 30er Jahren. Terman erkannte, dass viele seiner graduierten Studenten aus technologischen Bereichen oftmals an die Ostküste ziehen mussten, um einen Job zu finden.[15] Sein Ziel lag daher darin, die Elektronikfirmen der Region zu fördern und jungen Wissenschaftlern mit hoffnungsvollen Ideen Starthilfe zu geben. Die beiden Bekanntesten, die von Termans Entwicklungsgeist profitierten waren William Hewlett und David Packard, denen er das notwendige Startkapital lieh, „damit sie sich in einer alten Garage eine Elektronikwerkstatt einrichten konnten."[16] Dies war der Grundstein für das heutzutage größte Unternehmen in Silicon Valley, Hewlett-Packard. Ein aktuelleres Beispiel für die Investitionen in junge Wissenschaftler sind Larry Page und Sergey Brin. Sie erhielten ebenso wie damals Hewlett und Packard die notwendige finanzielle Hilfe, um ihre Idee zu

---

[14] Vgl. Nuhn, H., 1989, S. 264.
[15] http://www.netvalley.com/archives/mirrors/terman.html
[16] Weiler, H., 2004, S. 1.

verwirklichen. Der Erfolg der Suchmaschine Google verdeutlicht, dass sich die Investition gelohnt hat.[17]

Doch die Zusammenarbeit bestand nicht nur aus finanzieller Bezuschussung. Es wurden zum Beispiel gemeinsame Forschungseinrichtungen gebaut, wodurch die Unternehmen und die Universität ihr Wissen teilen konnten. Das Stanford Research Institute, dass 1946 ins Leben gerufen wurde, war das erste dieser Art.[18]

Ein weiteres Beispiel für eine solche Einrichtung ist das Center for Integrated Systems, welches seinen Schwerpunkt auf die anwendungsbezogene Forschung legt. Ziel des Zentrums ist es, eine gemeinsame Wissengrundlage für den wissenschaftlichen Nachwuchs auf dem Gebiet der Computertechnik, sowie anderen Bereichen der Technik zu schaffen. Dieses Zentrum bietet den Unternehmen zudem eine Reihe von Fortbildungsseminaren an, wofür die Firmen jährlich einen Betrag von 150000 $ zahlen. Dadurch wird aufgezeigt, dass nicht nur die Betriebe, in Form von verbesserter Ausbildung ihrer Mitarbeiter, profitieren. Auch die Universität trägt (finanzielle) Vorteile davon.[19]

Somit kann man also sagen, dass sich die Symbiose aus Wirtschaft und Wissenschaft, sowohl für die Entwicklung von Silicon Valley, als auch für die Stanford Universität als positiv herausgestellt hat. Beide Seiten profitieren vom gegenseitigen Wissensaustausch, was für die Erforschung neuer Technologien natürlich ein großer Vorteil ist.

4 Aktuelle Entwicklungen

4.1 Neuer Aufschwung

Seit einigen Jahren ist in Silicon Valley wieder ein leichter Aufschwung zu erkennen, nachdem Anfang des neuen Jahrtausends die so genannte Dotcom-Blase geplatzt ist und das Tal in eine Krise stürzte. Damals entstanden, begünstigt durch die Verbreitung des Internets, viele Firmen im IT-Bereich, von denen viele den Gang an die Börse wagten. Die Aktienkurse schnellten aufgrund großer Gewinnerwartungen in die Höhe, doch als man einige Jahre später erkannte, dass die Firmen nicht rentabel sind, platzte die Blase.[20] Nach einer Flaute setzt sich nun aber wieder ein leichter Aufschwung in Gang. Dabei ist festzuhalten, dass sich die Betreibe vermehrt neueren Technologien, wie zum Beispiel der Bio- oder Nanotechnologie, zuwenden.[21] Es entstanden aber auch viele Firmen, die trotz der vorangegangenen Krise in der Internetbranche tätig sind. Google ist ein Beispiel dafür. Diese Entwicklung ist auf die

---

[17] Vgl. Weiler, H., 2004, S. 1.
[18] Vgl. Nuhn, H., 1989, S.260.
[19] Vgl. Weiler, H., 2004, S. 5.
[20] http://www.onpulson.de/boerse/wissen/boersengeschichte--8.htm
[21] Vgl. Weiler, H., 1989, S. 5.

zunehmende Standardisierung des Internets zurückzuführen. Anders als in den 90er Jahren ist es keine Unbekannte mehr, sondern vielmehr eine notwendige Technik, die kaum mehr wegzudenken ist. Viele Firmen sehen darin hohe Erfolgschancen.

Wie schon zu Beginn des Silicon Valley in den 50ern, spielt das Militär beim heutigen Aufschwung ebenfalls eine primäre Rolle. Ursache dafür ist der Beginn des Irakkrieges im Jahr 2003. Staatliche Aufträge durch das Pentagon von mehr als 2 Milliarden Dollar in Rüstungstechnologien fördern die Entwicklung der Region.

Der Aufschwung kann durch die steigende Zahl der Arbeitsplätze belegt werden. Während zwischen 2001 und 2004 die Anzahl um ca. 200000 Stellen abnahm, war im vergangenen Jahr wieder eine Zunahme von 2,5% zu erkennen. Auch das Pro-Kopf Einkommen steigt langsam wieder an und liegt 2006 bei knapp 56000 Dollar.[22]

Aufgrund dieser Ergebnisse kann man sagen, dass es im Silicon Valley nach einer zwischenzeitlichen Flaute wieder bergauf geht.

4.2 Probleme

Der Aufschwung im Silicon Valley brachte nicht nur Vorteile, sondern führte auch viele Probleme mit sich. Eines davon ist das große soziale Ungleichgewicht, das sich entwickelt hat. Generell ist zu sagen, dass die Menschen in Silicon Valley im Vergleich zu den USA erheblich mehr verdienen. Das Pro-Kopf-Einkommen ist dort mit ca. 56000 Dollar um 20000 Dollar höher als das Durchschnittseinkommen der Vereinigten Staaten.[23]

Die sozialen Disparitäten entwickelten sich unter anderem durch das unterschiedliche Gehaltsniveau. So stiegen die Gehälter der oberen Schicht seit 1993 beispielsweise um 24%, die der unteren aber nur um 9%[24]. Das durchschnittliche Einkommen eines Haushalts ist während der Krise rapide gesunken, von knapp 83000 Dollar im Jahr 2001 auf 72000 im Jahr 2004. Auf der anderen Seite sind die Lebenshaltungskosten aber stark angestiegen. Die Einwohner Silicon Valley müssen teilweise mehr als 30% ihres Einkommens allein für Wohnkosten aufbringen.[25]

Ein weiteres Problem sind die Umweltschäden, die durch die aufstrebende Industrie verursacht wurden. Wasserverunreinigungen durch Chemikalien zum Beispiel führten zum Beispiel dazu, dass die Firmen gefährliche Stoffe nur noch in mehrwandigen Tanks lagern dürfen.[26] Außerdem stellen ausgemusterte PCs und deren Zubehör durch darin enthaltene

---

[22] Vgl. Joint Venture 2007, S. 18-20.
[23] Vgl. Joint Venture 2007, S. 20.
[24] Vgl. Weiler, H., 1989, S. 10.
[25] Joint Venture 2007, S. 41.
[26] Vgl. Baumgardt, K. u. Nuhn, H., 1989, S. 303.

Stoffe wie Blei und Quecksilber eine Gefahr dar.[27] Die Hightechindustrie verbraucht zudem eine Menge Strom, dass sogar das kalifornische Stromnetz teilweise schon zusammengebrochen ist. Die Unternehmen erkannten daher, dass sich etwas ändern musste und investierten vermehrt in umweltschonende Technologien. Die Leistung aus Solar- und Windkraftanlagen, die 1999 noch gar nicht ausgebaut waren, nahm stetig zu und lag im vergangenen Jahr bei knapp 8000 Kilowatt.[28]

Abschließend kann man also sagen, dass der Boom in Silicon Valley auch Schattenseiten hatte. Soziale Disparitäten und Umweltprobleme waren und sind die Folgen. Doch man hat mittlerweile erkannt, dass man dagegen vorgehen müsse.

---

[27] http://www.heise.de/newsticker/meldung/17717
[28] Joint Venture 2007, S. 35.

5 Fazit

Zum Abschluss meiner Arbeit werde ich meine Ergebnisse noch einmal zusammenfassen. Maßgeblichen Anteil an der Entstehung Silicon Valleys hatte das Militär, das durch Großaufträge für Rüstungstechnologien die bestehende Industrie ankurbelte. Nach und nach entstanden immer mehr Firmen, die sich vorwiegend auf den jungen Industriezweig der Mikrotechnologie spezialisierten. Obwohl viele kleinere Betriebe mit der Zeit durch Preisverbilligungen und Marktkampf in Finanzschwierigkeiten gerieten und schließen mussten, entwickelte sich das Tal hervorragend und wurde zum weltweit größten Industriestandort für Hightech Unternehmen. Zu den bedeutendsten Faktoren, die diese Entwicklung begünstigten, zählt unter anderem die verhältnismäßig günstige Finanzierung einer Firmengründung in den frühen Phasen. Doch auch die Nähe zur Stanford Universität stellte sich als großer Vorteil heraus. Es war dadurch nämlich ein Wissenstransfer von Mitarbeitern und Universitätsangestellten möglich, die teilweise an gemeinsamen Projekten arbeiteten. Frederick Terman, Vizekanzler der Universität in den 30er Jahren, gilt als einer der Mitbegründer Silicon Valleys. Auf ihn gehen unter anderem die Einrichtung des Stanford Research Institute und die Unterstützung der beiden HP-Gründer Hewlett und Packard zurück.

Gegen Ende der 90er Jahre setzte erneut ein großer Aufschwung ein, was vor allem an Betrieben im IT-Bereich lag, die von der Verbreitung des Internets profitierten. Doch da sie ihre Gewinne nicht halten konnten, platze die so genannte Dotcom-Blase und stürzte Silicon Valley durch Insolvenzen und den daraus resultierenden Arbeitsplatzverlusten, in eine Krise. Momentan geht es doch wieder leicht bergauf, die Stellenangebote steigen und es werden vermehrt Firmen gegründet.

Doch die rasche Entwicklung hat auch Schattenseiten. Zum einen sind die großen sozialen Unterscheide zwischen den gut und den schlechter verdienenden Menschen zu nennen. Gerade die immens hohen Lebenshaltungskosten stellen für Personen mit geringem Einkommen ein großes Problem dar. Auf der anderen Seite entstanden auch Umweltprobleme, wie z.B. Wasserverunreinigungen. Außerdem ist der Stromverbrauch extrem hoch. Man hat aber mittlerweile eingesehen, dass Änderungen notwendig sind und setzt vermehrt auf regenerative Energien oder umweltschonende Fahrzeuge.

6 Literatur

Baumgardt, K. u. Nuhn, H. (1989): Sozialräumliche und ökologische Probleme des Technologiebooms im Silicon Valley. In: Geographische Rundschau, Band 41, Heft 5, Seite 298-305.

Joint Venture: Silicon Valley Network, Joint Venture's 2007 Index of Silicon Valley. San Jose, CA: Joint Venture, 2007

Malek, M. (1998): Silicon Valley – das Geheimnis des Erfolgs. Vortrag von Prof. Dr. Miroslaw Malek, Institut für Informatik, Humboldt-Universität zu Berlin, am 9.12.1998 in Adlershof.

Nuhn, H. (1989): Technologische Innovation und industrielle Entwicklung: Silicon Valley - Modell zukünftiger Regionalentwicklung? In: Geographische Rundschau, Band 41, Heft 5, Seite 258-265.

Weiler, H. N. (2004): Licht und Schatten im Silicon Valley – Lehren für Wissenschaft und Wirtschaft in Deutschland. Vortrag im Rahmen des „Erfurter Dialogs" in der Thüringer Staatskanzlei am 22. September 2004.

http://www.heise.de/newsticker/meldung/17717 (Stand 3.11.2007)

http://www.netvalley.com/archives/mirrors/terman.html (Stand 3.11.2007)

http://www.onpulson.de/boerse/wissen/boersengeschichte--8.htm (Stand 3.11.2007)